T0209054

essentials

essentials liefern aktuelles Wissen in konzentrierter Form. Die Essenz dessen, worauf es als „State-of-the-Art" in der gegenwärtigen Fachdiskussion oder in der Praxis ankommt. *essentials* informieren schnell, unkompliziert und verständlich

- als Einführung in ein aktuelles Thema aus Ihrem Fachgebiet
- als Einstieg in ein für Sie noch unbekanntes Themenfeld
- als Einblick, um zum Thema mitreden zu können

Die Bücher in elektronischer und gedruckter Form bringen das Fachwissen von Springerautor*innen kompakt zur Darstellung. Sie sind besonders für die Nutzung als eBook auf Tablet-PCs, eBook-Readern und Smartphones geeignet. *essentials* sind Wissensbausteine aus den Wirtschafts-, Sozial- und Geisteswissenschaften, aus Technik und Naturwissenschaften sowie aus Medizin, Psychologie und Gesundheitsberufen. Von renommierten Autor*innen aller Springer-Verlagsmarken.

Armin Rohnen

MATLAB® meets MicroPython

Mit MATLAB® Mikrocontroller nutzen

Armin Rohnen
Fakultät Maschinenbau,
Fahrzeugtechnik, Flugzeugtechnik,
Hochschule München
München, Deutschland

ISSN 2197-6708   ISSN 2197-6716   (electronic)
essentials
ISBN 978-3-658-39948-1   ISBN 978-3-658-39949-8   (eBook)
https://doi.org/10.1007/978-3-658-39949-8

Die Deutsche Nationalbibliothek verzeichnet diese Publikation in der Deutschen Nationalbibliografie; detaillierte bibliografische Daten sind im Internet über http://dnb.d-nb.de abrufbar.

Planung/Lektorat: Eric Blaschke
Springer Vieweg ist ein Imprint der eingetragenen Gesellschaft Springer Fachmedien Wiesbaden GmbH und ist ein Teil von Springer Nature.
Die Anschrift der Gesellschaft ist: Abraham-Lincoln-Str. 46, 65189 Wiesbaden, Germany

Was Sie in diesem *essential* finden Können

- Hilfestellung zur Planung Ihrer mechatronischen Projekte
- Grundlagen zur Programmierung von Mikrocontrollern mit MicroPython
- Kommunikation zwischen MATLAB® und MicroPython
- Erstellen von grafischen Benutzeroberflächen in MATLAB.

Vorwort

Die Idee zu dieser Fachpublikation entstand aus dem Forschungsprojekt „Technische Beeinflussbarkeit der Geschmacksache Kaffee". Hierzu wurde neben einer labortechnischen Espressomaschine ein Pumpen- und Kalibrierprüfstand aufgebaut. Um die Funktionalität zu erreichen, benötigen beide Versuchsaufbauten neben der Steuerungselektronik in irgendeiner Weise eine Softwareanbindung. Denn ohne Programmcode ist die erforderliche Flexibilität nicht zu realisieren.

Für die Bedienung des Pumpen- und Kalibrierprüfstands war von vorne herein eine grafische Benutzeroberfläche, erstellt in MATLAB®, vorgesehen. Gleiches wurde für den Prototypen der labortechnischen Espressomaschine festgelegt. Als Bindeglied zwischen der Bedienerschnittstelle und der Steuerungselektronik sollte ein Raspberry Pi verwendet werden. Auch aus der Überlegung, die labortechnische Espressomaschine im weiteren Entwicklungsfortschritt nicht zwingend an einen PC anzubinden, sondern mit einem integrierten System zu betreiben, wurde mit der Markteinführung des Mikrocontrollerboards Raspberry Pi Pico der Entwicklungsprozess für die Steuer- und Regelungstechnik neu definiert. Auch der Umstand, dass Studierende der Fachrichtungen Fahrzeugtechnik, Flugzeugtechnik und Maschinenbau weder für eine Elektronikentwicklung noch für die direkte Mikrocontrollerprogrammierung durch ihr Studium qualifiziert werden, führte zu einem Umdenken für den Entwicklungsprozess für die Steuerungstechnik.

Der neu definierte Entwicklungsprozess sieht vor, in einem ersten Entwicklungsschritt ein integriertes System so zu verwenden, das lediglich die elementaren Vorgänge durch den Mikrocontroller ausgeführt werden. Das bedeutet, dass der Mikrocontroller lediglich Schaltvorgänge durchführt, PWM-Signale erzeugt, Spannungen erfasst usw., ohne diese selbst auszuwerten und weitere Vorgänge daraus abzuleiten. Die eigentliche Funktionalität und alle erforderlichen Regelschleifen werden übergeordnet in MATLAB® programmiert.

Hierdurch ist für den Mikrocontroller lediglich im sehr geringen Umfang Programmierung erforderlich.

Wenn über die MATLAB®-Programmierung die Funktionalität hergestellt und hinreichend getestet ist, wird Zug um Zug die Software auf den Mikrocontroller verlagert.

Diese Vorgehensweise erfordert eine Schnittstelle zum Datenaustausch zwischen Mikrocontroller und MATLAB®, welche in dieser Fachpublikation beschrieben wird.

Mikrocontroller zeichnen sich dadurch aus, dass diese primär für Regelungs- und Steuerungsaufgaben entwickelt sind. Im Unterschied zum Mikroprozessor verfügt ein Mikrocontroller im Chip über alle Unterstützungs- und Peripherie-bausteine, um autark betriebsfähig zu sein. Ein Mikrocontroller benötigt für die Ausführung seiner Funktionsaufgabe natürlich einen Programmcode, jedoch nicht zwingend ein Betriebssystem. Eingabesysteme wie Tasten oder Tastaturen werden ebenso wie Ausgabesysteme (Bildschirm, Display) nur inso-fern benötigt, wie diese in der definierten Aufgabe als erforderlich angesehen werden. Die Programmierung eines Mikrocontrollers ist ein recht komplexer Vorgang, da neben dem Mikrocontroller selbst eine nachgeschaltete Elektronik zur Realisierung der Funktionalität erforderlich ist. Im Fehlerfalle kann dann nicht immer zweifelsfrei zwischen Software- und Elektronikfehler unterschieden werden. Üblich erfolgt die Programmierung von Mikrocontrollern in Maschinen-sprache oder in der Programmiersprache C und der Programmcode wird vom Entwicklungs-PC auf den Mikrocontroller überspielt, was den Entwicklungs-prozess ebenfalls komplexer gestaltet.

Die primäre Ausrichtung eines Mikrocontrollers für die Nutzung für Regelungs- und Steuerungsaufgaben ist das Interessante an diesem elektronischen Bauelement. Betrachtet man diese Bausteine im Detail, dann wird man fest-stellen, das diese über einige, je nach Baustein auch sehr viele, digitale Ein- und Ausgänge verfügen, welche als Schalter und als Zustandsindikator verwendet werden können. Es Bedarf keiner zusätzlichen Anpassungselektronik um PWM-Signale erzeugen zu können und einige der Mikrocontroller-PINs lassen sich als Messkanäle analoger Spannungen konfigurieren. Für jeden halbwegs komfortabel betriebenen Prüfstand werden genau diese Eigenschaften einer Steuerung bzw. Regelung benötigt. Allerdings dann kombiniert mit einer möglichst intuitiven Bedieneroberfläche (GUI) und, falls erforderlich, verknüpft mit weiteren Mess-instrumenten oder Datenquellen. Für letzteres bietet MATLAB® geeignete

Lösungskonzepte an. Ein direkter Hardware- oder Softwaresupport von Mikrocontrollern wird seitens MathWorks® für MATLAB® nicht angeboten.

Anhand eines konkreten Demonstrationsbeispiels wird die Nutzung
von Mikrocontrollern in Verbindung mit einem MATLAB® PC dargestellt.
MATLAB® wird dabei nicht auf dem Mikrocontroller ausgeführt. Es handelt sich
um eine Kommunikationsschnittstelle zwischen dem MATLAB®-PC und dem
über die USB-Schnittstelle angeschlossenen Mikrocontroller. Auf dem Mikrocontroller kommt die Laufzeitumgebung MicroPython zum Einsatz. Dies kann als
minimalistisches Betriebssystem betrachtet werden, welches in der Programmiersprache Python programmiert werden kann. Dies reduziert wiederum die nutzbaren Mikrocontroller, da für die jeweilige MCU ein MicroPython-Derivat zur
Verfügung stehen muss. Anderenfalls besteht keine Möglichkeit für den Zugriff
auf die Hardwarefunktionen des Mikrocontrollers. Verwendbar ist eine erhebliche
Anzahl an üblich verwendeten Mikrocontrollern.

Mit MATLAB® wird in diesem Demonstrationsbeispiel eine GUI erstellt. Für
die Erstellung dieser wird der MATLAB® App Designer verwendet.

Es wird davon ausgegangen, dass der Leser über Grundkenntnisse in der
Programmierung mit MATLAB® und Python verfügt.

Planegg   Armin Rohnen
im September 2022

Inhaltsverzeichnis

Abkürzungsverzeichnis

ADC	Analog Digital Converter, Analog-zu-Digital-Converter
CR/LF	carriage return – line feed, Wagenrücklauf und Zeilenvorschub, Sonderzeichen für das Ende einer Datenzeile
DAC	Digital Analog Converter, Digital-zu-Analog-Converter
GPIO	general-purpose input/output, allgemeiner bzw. digitaler Ein-/Ausgang
GUI	Grafical User Interface, grafische Bedienerschnittstelle
IDE	Integrated Development Enviroment, integrierte Entwicklungsumgebung
I2C	Inter-Intergrated Circuit, I-Quadrat-C, serieller Datenbus zur Kommunikation in elektronischen Schaltungen
LED	light-emitting diode, Leuchtdiode
MCU	Micro Controller Unit, Mikrocontroller
PIN	Mikrocontroller-PIN, Elektrischer Anschlusskontakt des Mikrocontroller-Bausteins
PWM	Pulsweitenmodulation, ein Rechtecksignal mit definierbarer Taktfrequenz und einstellbarer Teilung, die Information wird hierbei über die Teilung (Tastverhältnis) übermittelt
REPL	read-eval-print-loop, Lese-Auswerte-Rückgabe-Schleife
SDA	Serial Data, I2C Datenleitung
SCL	Serial Clock, I2C Taktleitung
UART	Universal Asynchronous Receiver Transmitter, Universelle asynchrone Schnittstelle, Digitale serielle Schnittstelle für den Datenaustausch zwischen Mikrocontrollern und PCs
USB	USB-Schnittstelle, Universal Serial Bus, Universelle serielle PC-Schnittstelle

Planung 1

Selbst kleinste mechatronische Aufgabenstellungen benötigen eine sorgfältige Planung des Projekts. Schließlich sind drei ineinander eng verzahnte Prozessschritte durchzuführen. Wobei jeder einzelne Prozessschritt so durchgeführt werden sollte, dass er für sich alleine einer Qualitätskontrolle unterworfen werden kann. Es Bedarf also der Analyse der Aufgabenstellung, um daraus

1. die benötigte elektronische Hardware mit der Anpassung an das ausgewählte Mikrocontrollerboard
2. die Software in MicroPython
3. die Software in MATLAB®

abzuleiten.

1.1 Analyse

Die elektronische Hardware wird aus der Funktionsanalyse der Aufgabenstellung abgeleitet. Dazu müssen die geforderten Funktionen in mechatronische Komponenten überführt und im Weiteren daraus die elektronischen Schaltungen abgeleitet werden. Für das Beispiel der „labortechnischen Espressomaschine" und der Funktion „Kaffeebezug" würde dies z. B. bedeuten:

- reagieren auf einen Tastendruck
- schalten von Magnetventilen
- Messwerte erfassen (Drücke, Temperaturen und Durchfluss)
- Durchfluss als Funktion der Pumpenleistung regeln
- Durchflessmenge begrenzen

© Der/die Autor(en), exklusiv lizenziert an Springer Fachmedien Wiesbaden GmbH, ein Teil von Springer Nature 2022
A. Rohnen, *MATLAB® meets MicroPython*, essentials,
https://doi.org/10.1007/978-3-658-39949-8_1

- Kaffeewasserbezugstemperatur als Funktion eines Wassermischers regeln
- in der Helligkeit einstellbare Beleuchtung

Reagieren auf einen Tastendruck
Über eine gedrückte Taste erfolgt die Bestromung eines PINs am Mikrocontroller. Wird der Spannungswechsel erkannt, führt der Mikrocontroller das Programm für den Kaffeebezug aus. Das Verfahren wird als Inerrupt-Service-Request (ISR) bezeichnet. Zur Begrenzung des Stroms muss ein Strombegrenzungswiderstand eingebracht werden.

Schalten von Magnetventilen
Ein-/Aus-Schaltzustände werden über den logischen Zustand von Anschlüssen des Mikrocontrollers realisiert. Ist der zur Verfügung stehende Strom für den auszuführenden Schaltvorgang nicht ausreichend, wird über eine Transistor-Folge-Schaltung (z. B. Darlington) der Schaltvorgang ausgeführt.

Messwerte erfassen (Drücke, Temperaturen und Durchfluss)
Druck- und Temperaturmesswerte stellen für den Mikrocontroller Spannungen dar. Messumformer wandeln das physikalische Signal in eine Spannung um, welche vom Mikrocontroller erfasst wird. Der Spannungswert wird im Programm wieder zu einem physikalischen Messwert umgerechnet.

Die Bestimmung des Messwerts Durchfluss ist wesentlich komplexer. Als Sensor wird ein Turbinenrad verwendet. Dieses erzeugt z. B. 39.900 Impulse je Liter. Umgekehrt bedeutet jeder Impuls eine gemessenes Volumen von $1/39,9\,cm^3$. Zur Erfassung wird das gleiche Verfahren angewendet wie bei der Tastenerkennung. Das Auswerteprogramm des Mikrocontrollers erzeugt einen nanosekundengenauen Zeitstempel. Aus der Differenz zweier Zeitstempel und der Spezifikation des Durchflussmessers 39.900 Impulse je Liter berechnet sich der vorhandene Durchfluss.

Durchfluss als Funktion der Pumpenleistung regeln
Der Kaffeefluss (Durchfluss) einer Espressomaschine beträgt idealer Weise $1\,cm^3/s$. Mit einer leistungsregelbaren Pumpe kann dieser geregelt werden. Als Stellgröße wird ein Spannungssignal benötigt. Ist der Spannungsbereich nicht ausreichend, muss zusätzlich noch ein Spannungsverstärker nachgeschaltet werden.

Durchflussmenge begrenzen
Die Begrenzung der Durchflussmenge, also des bezogenen Kaffees, ist eine reine Softwarefunktion. Aus der Spezifikation des Durchflussmessers wird die Impulsanzahl für die üblicher Weise bezogenen $25\,cm^3$ Kaffee bestimmt und das Bezugs-

programm bei Erreichen dieser Impulszahl abgeschaltet. Alternativ kann über eine zweite Taste der Kaffeebezug beendet werden.

Kaffeewasserbezugstemperatur als Funktion eines Wassermischers regeln
Die Kaffeewasserbezugstemperatur soll über die Mischung von heißen und kaltem Wasser hergestellt werden. Das heiße Wasser aus einem Wärmetauscher im Boiler wird mit kalten Wasser gemischt, so wie man das aus der Dusche oder dem Waschbecken kennt. Als „Mischer" stehen zur Verfügung:

- Ein Dosierventil mit Spannungssollwert
- Ein Elektronisches Dosierventil mit Schrittmotorsteuerung
- Ein Kugelhahn mit angschlossenem Servoantrieb
- Ein Drosselventil mit angeschlossenem Schrittmotor

Über weiterführende Versuche wird das Bauteil definiert, welches letztlich für die Mischfunktion verwendet wird.

Abb. 1.1 Das Beispielprojekt besteht aus einer Platine mit den Anpassungsschaltungen und dem aufgelöteten Raspberry Pi Pico Mikrocontrollerboard, einem Schrittmotor, einem Modellbauservoantrieb und einem zweifach Folientaster

In Helligkeit einstellbare Beleuchtung
Die Beleuchtung wird als LED-Licht realisiert, deren Helligkeit über das Schaltsignal eingestellt wird. Für Testzwecke wird aus der Funktionsanalyse das in Abb. 1.1 dargestellte Beispielprojekt definiert. Es verfügt über:

- 4 elektronische Schalter, deren Schaltzustand über LEDs visualisiert werden
- eine dimmbare Beleuchtung, welche ebenfalls durch eine LED visualisiert wird
- über einen Servoantrieb eine Verstellung zwischen 0 und 180° herstellen
- über einen bipolaren Schrittmotor eine weitere Verstellung realisieren
- eine variable Spannung z. B. als Spannungssollwert für eine Steuerung ausgeben
- den Spannungssollwert überprüfen
- dem Anwender zwei Schalter für Eingaben zur Verfügung stellen.

Aus der Aufgabenliste werden die erforderlichen Elemente für die Anpassungselektronik ermittelt. Hier geht es darum, die Grundschaltungen zu definieren, aus denen im Weiteren die Platine der Anpassungselektronik konstruiert wird. Im Planungsprozess werden die Anforderungen an den Mikrocontroller (MCU) ermittelt und daraufhin diese festgelegt.

Die 4 elektronischen Schalter, welche den Schaltzustand über LEDs visualisieren, benötigen 4 digitale Ausgänge (GPIO) an der MCU. Die elektronische Schaltung dazu besteht aus einem Widerstand, welcher den Strom begrenzt, und der LED selbst. Über die Software auf der MCU werden die Ausgänge ein- bzw. ausgeschaltet, also der Zustand 1 oder 0 hergestellt. Die Schaltungen selbst werden über MATLAB® aufgerufen.

Der Dimmer wird durch ein pulsweitenmoduliertes Rechtecksignal (PWM-Signal) realisiert. Hierzu wird ein Ausgang an der MCU benötigt, welcher das PWM-Signal zur Verfügung stellt. Die elektronische Schaltung ist wiederum die gängige LED-Schaltung mit Strombegrenzungswiderstand und LED. Die Software auf der MCU stellt die Frequenz des PWM-Signals so ein, dass die Beleuchtung flackerfrei wahrgenommen wird. Das sollte ab einer Frequenz von 100 Hz der Fall sein, kann aber über den Softwaretest während der Programmierung ermittelt werden. Die Helligkeit der Beleuchtung in den Werten 0 bis 100 % wird über MATLAB® eingestellt.

Die Stellposition des Servoantriebs wird ebenfalls durch ein PWM-Signal realisiert. Aus dem Datenblatt des verwendeten Antriebs können die erforderlichen Werte für die PWM-Frequenz ermittelt bzw. berechnet werden. Üblicherweise sind dies 50 Hz. Die Werte für die Pulsweiten bei 0° und 180° müssen durch Tests ermittelt werden. Über MATLAB® wird der Stellwinkel des Servoantriebs eingestellt.

Hierzu wird ein weiterer PWM-fähiger Ausgang der MCU benötigt. Der Servoantrieb wird über einen dreipoligen Flachstecker mit der Anpassungselektronik verbunden. Neben dem PWM-Signal ist der Flachstecker noch mit der Spannungsversorgung und Masse verbunden.

Bei einem bipolaren Schrittmotor werden die beiden Magnetspulen in einer definierten Abfolge in unterschiedlichen Flussrichtungen bestromt. Der Schrittmotor verfügt dazu über vier Kabel die jeweils abwechselnd mit dem Plus- oder Massepol der Spannungsversorgung verbunden werden. Die vier Anschlüsse des Schrittmotors müssen also wechselnd mit der Spannungsversorgung oder der zugehörigen Masse verbunden werden. Je nach verwendetem Schrittmotor fließt ein Strom mit mehreren Ampere bei einer Spannung von 5 V oder höher. Dies kann die MCU nicht direkt zur Verfügung stellen. Hierzu wird ein Leistungselektronikbaustein benötigt. Die Wahl fällt auf das Bauelement L293D. Dieser kann bis zu 500 mA Stromstärke schalten. Bei kurzen Schaltzeiten auch höhere Ströme. Der Baustein verfügt über vier Leistungsschalter, welche zwischen dem Masseanschluss und dem Spannungsanschluss über einen zugehörigen Logikeingang geschaltet werden. Logisch 1 schaltet auf den Spannungseingang. Von der MCU werden 4 digitale Ausgänge benötigt. Über MATLAB® wird die Anzahl der Schritte und die Drehrichtung übermittelt. Der Anschluss des Schrittmotors erfolgt über Schraubklemmen.

Für die Erzeugung einer variablen Spannung wird die Funktion eines Digital-zu-Analog-Converters (DAC) benötigt. Nur wenige MCUs verfügen über diese Funktionalität, daher wird bereits in der Planung für diese Funktionalität auf einen externen Digitalbaustein bzw. ein externes digitales Modul gesetzt. Die Wahl fällt auf ein MCP4725 Modul. Hierbei handelt es sich um einen 12-Bit-DAC welcher über einen Inter-Integrated Circuit (I2C), einen seriellen Datenbus zur Kommunikation in elektronischen Schaltungen, verfügt. Das Modul muss mit einer Versorgungsspannung, Masse, der Datenleitung und der Taktleitung verbunden werden. Die Bus-Adresse des Moduls wird über einen Anschluss am Modul selektiert und für den Spannungsausgang existiert ein weiterer Anschluss am Modul. An der MCU wird der Anschluss an einen I2C-Bus benötigt. Das belegt zwei Ausgänge, je einer für die Datenleitung (SDA) und für die Taktleitung (SCL). Über MATLAB® wird der Spannungssollwert übermittelt.

Für die Überprüfung des Spannungssollwerts wird der Spannungsausgang des MCP4725 an einen Eingang mit Spannungsmessung der MCU verbunden. Die Software der MCU übermittelt in einem festgelegten Takt kontinuierlich die Spannungsmesswerte an MATLAB®.

Die beiden Schalter werden über einen Flachstecker mit der Anpassungselektronik verbunden. Der gemeinsame Anschluss der beiden Schalter (Common) wird mit einem digitalen Ausgang der MCU verbunden. In diese Leitung wird zur Strombegrenzung ein Widerstand eingefügt. Jedes Schaltelement wird mit einem digitalen Eingang der MCU verbunden. Wird am digitalen Eingang der MCU ein Logikwechsel von logisch 0 auf logisch 1 festgestellt, übermittelt die Software der MCU einen Zeitstempel sowie die Tastenkennung an MATLAB®.

1.2 Anforderung an Mikrocontroller, MCU-Software und MATLAB®-Software

Aus der Analyse ergibt sich eine Anforderungsliste (siehe Tab. 1.1) für die MCU, die diese erfüllen muss. Letztlich wird geprüft, ob die MCU über ausreichend Anschlüsse (PINs) mit den erforderlichen Funktionalitäten verfügt.

Die Wahl fällt auf die „Raspberry Pi Pico"-MCU. Diese ist gut im Handel zu einem günstigen Preis verfügbar. Verwendet wird nicht der MCU-Baustein selbst sondern ein funktionsfähiges Entwicklungsboard. Dies hat den Vorteil, dass die erforderliche Beschaltung des MCU-Bausteins bereits vorhanden ist. Das Entwicklungsboard verfügt über einen USB-Anschluss, so dass die Kommunikation mit MATLAB® realisiert werden kann.

Im weiteren leiten sich die in Tab. 1.2 aufgelisteten Softwarefunktionen für die MCU ab.

Als letzte Ableitung aus der Analyse wird die Anforderungsliste für die MATLAB®-Software erstellt (siehe Tab. 1.3).

Tab. 1.1 Anforderungsliste für die MCU

Typ	Anzahl
Digitale Ausgänge	9
Digitale Eingänge	2
Analogeingang	1
PWM-Ausgänge	2
I2C (SDA, SCL)	1

Tab. 1.2 Anforderungsliste für die Software der MCU

Funktion	Bemerkung, Parameter
Digitale Ausgänge initialisieren	
Digitale Eingänge initialisieren	Mit Interrupt belegen
Interruptroutine je Digitaleingang	Tasten-Nr, Zeitstempel
Analogeingang initialisieren	
PWM-Ausgänge initialisieren	
Stellfunktion für Servoantrieb	Übergabewert in Grad-Stellwinkel Pulsweite für $0°$ und $180°$ ermitteln
Dimmerfunktion	Übergabewert in % $0\% = $ LED aus $100\% = $ LED an
I2C (SDA, SCL) anlegen	
Schrittmotorsteuerung	Initialisierung n Schritte Forwärtsdrehen n Schritte Rückwärtsdrehen Bestromung abschalten

Tab. 1.3 Anforderungsliste für die Software der MCU

Funktion	Bemerkung, Parameter
Verbinden	Nicht beim Start der App mit MCU verbinden, sondern interaktiv die Verbindung aufbauen
Textfeld	Ausgabe von Fehlermeldungen und unbekannten MCU-Reaktionen
Diagramm für Spannungsverlauf	
Timerfunktion für Spannungsmessung	
PWM-Ausgänge initialisieren	
Schalter und Symbole für Digitalausgänge	Symbolisch als Magnetventile Y01 bis Y04 bezeichnet
Slider für Dimmerwert	Licht
Slider für Spannungswert	
Eingabefeld für Schrittmotor-Schritte	
Schalter vorwärts/rückwärts	
Knopf für Auslösung	
Knopf für Abschaltung	Bestromung abschalten

Hardware – Konstruktion der Anpassungselektronik

2

In diesem Beispielprojekt wird eine „Raspberry Pi Pico"-MCU verwendet, auf die nach Anweisung in [1] die Laufzeitumgebung MicroPython aufgespielt wurde. Jeder andere Mikrocontroller und jedes andere Mikrocontroller-Evaluationsboard, für das ein MicroPython-Derivat auf der Downloadseite der MicroPython Organisation [2] zur Verfügung gestellt wird, kann in gleicher Funktionsweise verwendet werden, wie hier beschrieben. Das führt einerseits zu Einschränkungen in der Auswahl nutzbarer MCUs, andererseits steht immer noch eine erhebliche Auswahl an MCUs zur freien Verfügung, so dass wohl für jede denkbare Anwendung auch die passende MCU-Wahl getroffen werden kann.

2.1 Elektronische Schaltung für das Beispielprojekt

Die verwendete „Raspberry-Pi-Pico"-MCU ist nicht der pure elektronische Baustein selbst. Es handelt sich um ein Evaluations-Board, welches schon über die zwingend erforderliche elektronische Anpassung verfügt, um diese MCU ggf. auch autark betreiben zu können. Die Spannungsversorgung erfolgt über die USB-Verbindung vom angeschlossenen PC und für die Kommunikation wird die erste serielle Schnittstelle der MCU verwendet. Diese PINs stehen damit für die eigene elektronische Schaltung nicht zur Verfügung. Um den eigenen Schaltungsaufwand möglichst gering zu halten, empfiehlt sich zumindest zu Beginn eines Entwicklungsprojektes die Nutzung eines Evaluations-Boards. Um die Funktionalität darstellen zu können, muss aus dem Analyseergebnis ein Schaltplan erstellt und im Weiteren daraus eine Elektronikplatine erstellt werden.

Die MCU wird gemäß des Schaltplans aus Abb. 2.1 angeschlossen. In dem Demonstrationsbeispiel sollen vier LEDs (L1, ..., L4) ein-/ausgeschaltet werden. Hierzu werden die PINs mit den Bezeichnungen GP2 bis GP5 verwendet. Eine

A. Rohnen, *MATLAB*® *meets MicroPython*, essentials, https://doi.org/10.1007/978-3-658-39949-8_2

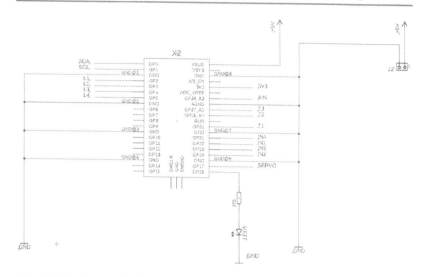

Abb. 2.1 Für die Funktionalität des Demonstrationsbeispiels erforderliches Schaltungslayout mit der Pinbelegung für den Anschluss der elektronischen Bauelemente an den Raspberry Pi Pico

weitere, an GP16 angeschlossene LED soll in ihrer Helligkeit verändert werden können. Am PIN GP17 wird das Stellsignal für einen handelsüblichen Servoantrieb zur Verfügung gestellt. Dies simuliert eine elektromechanische Stellvorrichtung z. B. eine Rohrleitungsklappe. Im Weiteren soll das Drücken zweier Tasten erkannt und differenziert werden. Dies erfolgt über die PINs GP22, GP26 und GP27. Es ermöglicht zusätzlich die Aktivierung/Deaktivierung der Tasten, da für die Steuerspannung das Signal von GP22 verwendet wird. Am PIN GP28_A2 wird die anliegende Spannung mit der Bezeichnung AIN gemessen, welche über einen externen Digital-Analog-Converter (DAC), einen MCP4725-Baustein, erzeugt wird. Der DAC ist am primären I2C-Bus der „Raspberry-Pi-Pico"-MCU angeschlossen und verwendet hierdurch die PINs GP0 und GP1. GP0 wird für die I2C-Datenleitung SDA und GP1 für die I2C-Taktleitung SCL verwendet. An die PINs GP18 bis GP21 wird der Leistungstreiberbaustein L293D für die Schaltung des Leistungsstroms am Schrittmotor angeschlossen. Das scheinbare Durcheinander der Leistungstreiberanschlüsse ist den geradlinigen Leiterbahnen und der Anordnung am Leistungstreiberbaustein geschuldet.

Hilfestellung zur Realisierung elektronischer Schaltungen integrierter Systeme kann [6] entnommen werden.

2.2 Elektronische Schaltungen der angeschlossenen Peripherie

Die LEDs (siehe Abb. 2.2) werden über einen strombegrenzenden Vorwiderstand direkt an die MCU angeschlossen. Der Vorwiderstand richtet sich nach dem zulässigen Nennstrom der verwendeten LED und der Signalspannung am Anschluss des Mikrocontrollers. Die Spannung am Anschluss ist dabei typisch der Systemspannung des Mikrocontrollers, im Beispiel $U_{SYS} = 3,3\,\text{V}$. Für die angeschlossenen LEDs ist zu prüfen, mit welchem Strom die verwendete MCU insgesamt belastet werden kann. Dies ist i. d. R. nicht all zu hoch. Ratsam ist daher die Verwendung von LEDs mit einem Nennstrom von $I = 5\,\text{mA}$ und diesen lediglich zur Hälfte zu nutzen. Damit ergibt sich aus $U = R \cdot I$ rechnerisch für die Widerstände

$$R = \frac{U}{I} = \frac{3300\,\text{mV}}{2,5\,\text{mA}} = 1320\,\Omega, \tag{2.1}$$

welche auf den nächsten verfügbaren Wert aufgerundet werden.

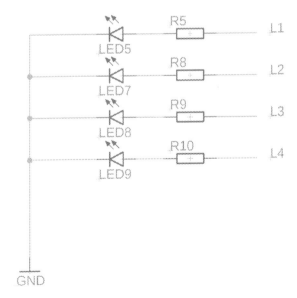

Abb. 2.2 Elektronische Schaltung der angeschlossenen LEDs

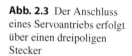

Abb. 2.3 Der Anschluss
eines Servoantriebs erfolgt
über einen dreipoligen
Stecker

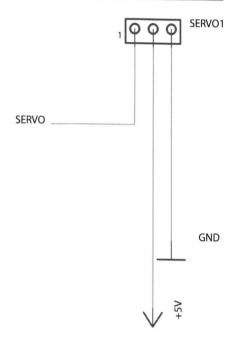

Der Servoantrieb benötigt einen dreipoligen Stecker. Dieser wird neben dem Stellsignal mit der Versorgungsspannung und der Masse verbunden (siehe Abb. 2.3). Eine Strombegrenzung des Servoantriebs ist nicht erforderlich.

Für den Anschluss des Zweifachtasters wird ebenfalls ein dreipoliger Stecker verwendet. Je ein Anschluss des Steckers wird für die jeweilige Taste benötigt, welche über eine gemeinsame Zuleitung (Common) verfügt. Zur Vermeidung eines Kurzschlusses wird in der Zuleitung wieder ein Strombegrenzungswiderstand (siehe Abb. 2.4) wie in Gl. 2.1 verwendet.

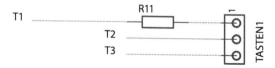

Abb. 2.4 Bei der elektronischen Schaltung der Tasten ist wiederum eine Strombegrenzung erforderlich

Die Spannungserzeugung erfolgt über den Baustein MCP4725. Hierbei handelt es sich um einen 12-Bit-DAC, welcher über den I2C-Bus angesteuert wird. Für diesen Baustein sind im Handel vorgefertigte Brakeoutplatinen verfügbar, so dass hier lediglich der Anschluss an den Mikrocontroller hergestellt werden muss (siehe Abb. 2.5)

Die vier Leitungen des Schrittmotors werden über die Schraubklemmen mit der Schaltung verbunden (siehe Abb. 2.7). Der Leistungstreiberbaustein übersetzt die Schaltungslogik der IN-Eingänge. Dabei steht Logisch 1 für Bestromung und Logisch 0 für Masse. Für die Beschaltung des Schrittmotors werden je nach Hersteller unterschiedliche Bezeichnungen und Kabelfarben verwendet. Der Anschluss selbst erfolgt nach dem in Abb. 2.6 dargestellten Schema.

Die gesamte elektronische Schaltung kann auf einer Steckplatine als Experimentalschaltung aufgebaut werden. Alternativ ist die Herstellung einer Platine möglich, auf der die verwendeten Bauelemente aufgelötet werden.

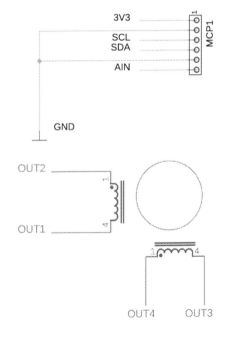

Abb. 2.5 Bei dem verwendeten DAC handelt es sich um eine Brakeout-Platine auf der der MCP4725 nebst erforderlicher peripherer Beschaltung aufgebracht ist

Abb. 2.6 Schema für den Anschluss von Schrittmotoren

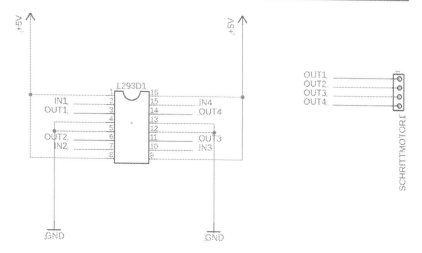

Abb. 2.7 Die Kabel des Schrittmotors werden über die Schraubklemmen mit der Schaltung verbunden. Diese werden paarweise über den Leistungstreiberbaustein L293D bestromt bzw. auf Masse gelegt

MCU-Software in MicroPython 3

MicroPython ist eine Implementierung der Programmiersprache Python 3 für Mikrocontroller. MicroPython bietet über Module den direkten Zugriff auf die jeweilige Hardware, was individuelle MicroPython-Derivate für den jeweiligen Mikrocontroller erfordert. Nach dem Aufspielen von MicroPython verfügt der Mikrocontroller über eine Laufzeitumgebung.

Der Datenaustausch zwischen PC und Mikrocontroller erfolgt über den primären UART. Dazu ist mindestens ein Eingabefenster besser jedoch eine integrierte Entwicklungsumgebung (IDE) erforderlich.

Grundlagenliteratur für die Einarbeitung in die Programmiersprache Python, wie z. B. [5], ist ausreichend verfügbar. Für MicroPython ist dies weniger gegeben. Hier ist mit [7] zwar Fachliteratur verfügbar, welche jedoch lediglich die in den Beispielen verwendeten Mikrocontroller behandelt. Bei Fragestellungen zum Hardwarezugriff des verwendeten Mikrocontrollers ist die Unterstützung der MicroPython-Organisation [2] erforderlich.

Der auszuführende Programmcode wird als Textdatei auf der MCU abgelegt und wird erst während der Programmausführung interpretiert. Der Programmcode mit dem Dateinamen ‚main.py' wird ausgeführt, wenn die MCU gestartet wird.

3.1 Entwicklungsumgebung für MicroPython-Code

Als IDE bietet sich die Python-IDE Thonny an, welche für die PC Plattformen Windows, MAC und Linux zur Verfügung steht und unter [3] zum Download bereitgestellt ist. Das Erscheinungsbild von Thonny kann ein wenig angepasst werden. Wesentlich ist die Aufteilung in zwei Bereiche. Dem (Programm-)Code-Editor(1) und der Kommandozeile (2) in Abb. 3.2. Wird eine MCU an den USB des PCs angeschlossen, wird diese von Thonny identifiziert und es erfolgt eine entspre-

© Der/die Autor(en), exklusiv lizenziert an Springer Fachmedien Wiesbaden GmbH, ein Teil von Springer Nature 2022
A. Rohnen, *MATLAB® meets MicroPython*, essentials,
https://doi.org/10.1007/978-3-658-39949-8_3

chende Information im Fensterbereich der Kommandozeile. Aufgrund der Festlegung, die UART Schnittstelle des Mikrocontrollers mit einer Baudrate von 115200 zu betreiben, ist die Kommunikation eindeutig beschrieben. Alle anderen erforderlichen Parameter für die Konfiguration serieller Schnittstellen folgen dessen Standard (Abb. 3.1).

Der im Editorfenster eingegebene Programmcode kann wahlweise auf der MCU oder auf dem PC gespeichert werden.

Abb. 3.1 Zusatzmaterial steht unter www.schwingungsanalyse.com bereit

```
Thonny
Datei Bearbeiten Ansicht Ausführen Extras Hilfe
                                                    Programm Parameter:
demo.py
  1  import machine
  2  import mcp4725
  3
  4  def pwm(pin, freq):
  5      pwm = machine.PWM(machine.Pin(pin))
  6      pwm.freq(freq)
  7      return pwm
  8
  9  def winkel(servo, wert):
 10      if wert > 180:
 11          wert = 180
 12
 13      if wert == 0:
 14          servo.duty_u16(8200)
 15
 16      if wert > 0:
 17          servo.duty_u16(int(8200-wert*6000/180))
 18
 19  def ventile():
 20      ventil0=machine.Pin(2, machine.Pin.OUT)
 21      ventil1=machine.Pin(3, machine.Pin.OUT)

Kommandozeile

MicroPython v1.14 on 2021-02-02; Raspberry Pi Pico with RP2040
Type "help()" for more information.
>>>
                                                    MicroPython (Raspberry Pi Pico)
```

Abb. 3.2 Die IDE Thonny mit (1) dem Code-Editor sowie (2) der Kommandozeile

Über die Kommandozeile werden Anweisungen an den interaktiven MicroPython-Interpreter-Modus der MCU übergeben, der Read-Eval-Print-Loop (REPL). Dieser nimmt die Anweisung als Zeichenkette entgegen, wertet diese aus bzw. führt die darin enthaltenen Anweisungen aus und gibt eine Zeichenkette zurück. Die Rückgabe umfasst mindestens die Zeichen ′ >>> ′ gefolgt von dem Rückgabewert der durchgeführten Anweisung. Hierüber lässt sich Zeile für Zeile Programmcode auf die MCU eingeben und sobald eine Programmsequenz beendet ist, wird diese ausgeführt. Für die Übergabe von Programmcode an die MCU bietet es sich aber besser an, diesen im Editorfenster einzugeben und als Datei mit der Endung „.py' abzuspeichern.

Um zu sehen, welcher Programmcode bereits auf der MCU abgelegt ist, wird das Modul „operation system" (os) benötigt. Mit der Eingabe von *import os* in die Kommandozeile wird das Modul geladen. Auf die Anweisung *os.listdir()* erfolgt eine Auflistung der abgelegten Dateien in dem aktuellen Verzeichnis.

[demo.py, mcp4725.py, pico.py]

3.2   Das MicroPython-Modul machine

Über das Modul *machine* wird die Verbindung vom Programmcode zur MCU-Hardware hergestellt. Die Funktionen des Moduls ermöglichen den direkten und uneingeschränkten Zugriff auf die Hardware und die daran angeschlossene Elektronik des Mikrocontrollers. Bei unsachgemäßer Verwendung kann dies zu Fehlfunktionen, Abstürzen und zu Schäden an der verwendeten Elektronik und/oder der MCU führen. Das Modul wird über die Anweisung

import machine

als ganzes, bzw. über

from machine import Pin

from machine import pwm

from machine import ADC

from machine import I2C

werden einzelne Klassen des Moduls importiert. Letztere Vorgehensweise benötigt weniger Speicherplatz für das ausführbare Programm, da der globale Import des Moduls alle Klassen importiert und so mehr Speicherplatz benötigt. Ein weiterer Unterschied besteht in der erforderlichen Syntax für die Verwendung der Klassen. Beim globalen Import des Moduls wird die einzelne Klasse z. B. über *machine.Pin(...)* verwendet, während der Einzelimport hier mit *Pin(...)* auskommt. Eine vollständige Auflistung und Beschreibung des Moduls ist in [4] zu finden. An dieser Stelle erfolgt die Darstellung der für das Demonstrationsbeispiel verwendeten Module.

3.2.1   Class Pin

Die Klasse Pin dient der Verknüpfung des Programms mit den Ein-/Ausgabe-Pins des Mikrocontrollers, welche auch als General-Purpose-Input/-Output (GPIO) bezeichnet werden. Der verwendete Pin des Mikrocontrollers muss eine Ausgangsspannung steuern und eine Eingangsspannung lesen können. Die Betrachtungsweise ist digital. Liegt keine Spannung an bzw. wird keine Spannung ausgegeben, dann ist der Zustand 0. Der Zustand ist 1, wenn eine Spannung anliegt. Hierbei sind Schwellwerte und Maximalwerte zu beachten. Es stehen Methoden zum Einstellen des Modus zur Verfügung.

$$pin0 = machine.Pin(0, machine.Pin.OUT)$$

definiert PIN Nr 0 als digitalen Ausgang, welcher mit

$$pin0.value(0)$$
$$pin0.value(1)$$

aus- bzw. eingeschaltet wird.

$$from\ machine\ import\ Pin$$
$$pin2 = Pin(2, Pin.IN, Pin.PULL\_UP)$$

definiert PIN Nr 2 als digitalen Eingang, welcher über einen Hochzieh-Widerstand (PULL UP) auf Systemspannung hochgesetzt wird. Diese Variante wird dann gewählt, wenn die angeschlossene Elektronik das Signal aktiv auf Masse legt. Über

$$print(pin2.value())$$

wird der aktuelle Zustand von *pin2* in der Kommandozeile ausgegeben.

$$pin0.init(pin0.IN, pin0.PULL\_DOWN)$$

konfiguriert den zuvor als Ausgang definierten PIN Nr 0 mit einem Runterzieh-Widerstand (PULL DOWN) als Eingang. Diese Variante wird verwendet, wenn die angeschlossene Schaltung ein Spannungssignal erzeugt.

$$pin0.irq(trigger = Pin.IRQ\_RISING, handler = isr\_callback)$$

definiert für PIN Nr 0 einen Interrupt. Immer dann, wenn an PIN Nr 0 der MCU der Zustand von 0 auf 1 wechselt (Pin.IRQ_RISING), wird die Funktion *isr_callback* aufgerufen. Über die Funktionalität des Interrupts kann auf Zustandswechsel reagiert werden. Darüber lassen sich z. B. Ereignisse zählen und Tastendrücke erkennen.

3.2.2 Class PWM

Die Klasse PWM erzeugt ein Rechtecksignal mit definierbarer (Impuls-)Frequenz und einstellbarer Impulsdauer (siehe Abb. 3.3). Das Signal hat eine feste Signalamplitude und überträgt dabei keine (Amplituden-)Information. Die Impulsdauer hingegen ist der Übertrager der Signalinformation. Darüber lässt sich die Leistung

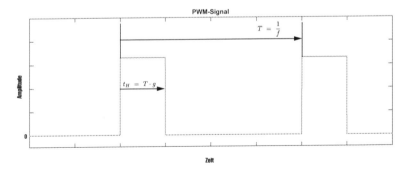

Abb. 3.3 Schematische Darstellung eines PWM-Signals mit der Periodendauer $T = 1/f$ und Impulslänge $t_H = T \cdot g$. Darin ist f die Impuls- bzw. PWM-Frequenz und g das Tastverhältnis

von Gleichstromverbrauchern wie Leuchtdioden, Motoren und Heizwiderständen regulieren.

$$\text{pwm} = \text{PWM}(0)$$

$$\text{pwm.duty\_u16}(32768)$$

initialisiert PIN Nr 0 als PWM-Signal und setzt das Tastverhältnis auf 50 %. Die Eingabe erfolgt als vorzeichenloser 2^{16}-Integerwert.

$$\text{pwm.init}(\text{freq} = 5000, \text{duty\_ns} = 5000)$$

(re)initialisiert PIN Nr 0 mit einer PWM-Frequenz von 5000 Hz bzw. einer Periodendauer $T = 200 \ \mu s$ und stellt die Impulsdauer auf $t = 5 \ \mu s$ ein. Da die Zeiteinheit Mikrosekunden in MicroPython nicht definiert ist, muss die Zeiteinheit Nanosekunden verwendet werden.

$$\text{pwm.duty\_ns}(3000)$$

setzt die Impulsdauer auf $t = 3 \ \mu s$

$$\text{pwm.deinit}()$$

beendet das PWM-Signal.

3.2.3   Class ADC

Die Klasse ADC bildet die Verknüpfung des Programmcodes mit dem (oder den) Analog-Digital-Wandler(n) des Mikrocontrollers. Hierüber kann kontinuierlich eine Spannung ermittelt werden, welche an einem PIN der MCU anliegt. Für jeden Analogeingang ist eine eigene Definition zu treffen. Die Anzahl verfügbarer Analog-Digital-Wandler und die Anzahl der dazu nutzbaren PINs variiert von MCU zu MCU.

Der Spannungswert wird üblich als vorzeichenloser 16-Bit-Integer-Wert ermittelt. Die tatsächliche Auflösung des Analog-Digital-Wandlers spielt dabei keine Rolle. Um aus dem 16-Bit-Integer-Wert die tatsächlich gemessene Spannung berechnen zu können, wird die Referenzspannung des Analog-Digital-Wandlers benötigt. Diese wird entweder an einem PIN der MCU durch äußere Beschaltung angelegt oder intern erzeugt.

$$adc = machine.ADC(28)$$

definiert PIN Nr 28 als Analog-Spannungseingang.

$$Spannungswert = adc.read\_u16() * 3.3/65535$$

ermittelt die anliegende Spannung unter der Bedingung, dass die Referenzspannung des ADCs $U_{ref} = 3,3$ V beträgt.

3.2.4 Class I2C

Wenn die Funktionalität der verwendeten MCU nicht ausreichend ist, oder die Anzahl der benötigten PINs nicht durch die MCU abgedeckt werden kann, dann helfen zusätzliche elektronische Bauelemente oft weiter. Dies erfordert eine Kommunikation zwischen Mikrocontroller und dem zusätzlichen Bauelement. I2C ist eine Möglichkeit zur Kommunikation zwischen MCU und Bauelementen. Es besteht auf der physikalischen Ebene aus einer Takt- (SCL) und einer Datenleitung (SDA). Zur Differenzierung der am I2C-Bus angeschlossenen elektronischen Bauelemente verwenden diese Adressen, woraus sich ableitet, dass für die Kommunikation ein Protokoll einzuhalten ist.

Die Implementierung des I2C ist als Software und als Hardware möglich. Hierzu stellt MicroPython mit *machine.I2C* und *machine.SoftI2C* zweierlei Klassen zur Verfügung, die in der Anwendung jedoch identisch sind. Hardware-I2C nutzt die zugrundeliegende Hardware der MCU, um die erforderlichen Lese- und Schreibvorgänge durchzuführen. Dies ist in der Regel effizient und schnell, führt aber zu Einschränkungen der verwendbaren PINs für den I2C-Bus. Software-I2C kann dagegen an jedem PIN der MCU verwendet werden.

$$i2c = I2C(0, \; sda = Pin(0), \; scl = Pin(1), \; freq = 400000)$$

definiert *i2c* als I2C-Objekt mit einer Taktfrequenz von $f = 400\,\text{kHz}$. Verwendet wird das Hardware-I2C-Device Nr 0 mit PIN Nr 0 als Datenleitung und PIN Nr 1 als Taktleitung. Um zu ermitteln, welche elektronischen Bauelemente sich an diesem I2C-Bus befinden, wird mittels

$$i2c.scan()$$

ein Scan des I2C-Bus durchgeführt. Das Ergebnis ist eine Adressliste. Welche Funktionen die angeschlossenen elektronischen Bauelemente ausführen, ist hierüber nicht zu erkennen. Dies kann aus dem Schaltplan und indirekt aus dem Adressbereich der gefundenen Adressen ermittelt werden.

$$i2c.writeto(42, b'123')$$

sendet (schreibt) 3 Bytes an das Bauelement mit der Adresse 42.

$$i2c.readfrom(42, 4)$$

empfängt (liest) vier Bytes vom Bauelement mit der Adresse 42.

Elektronische Bauelemente mit komplexerem Funktionsumfang sind intern wie Speicher organisiert. Hier wird an die Adresse X mit der Speicheradresse Y ein Byte geschrieben oder ab dieser Speicheradresse gelesen.

$$i2c.readfrom\_mem(42, 8, 3)$$

liest 3 Bytes vom Bauelement mit der Adresse 42, beginnend bei der Speicheradresse 8.

$$i2c.writeto\_mem(42, 2, b'5')$$

schreibt ein Byte in das Bauelement mit der Adresse 42, beginnend bei Speicheradresse 2.

3.3   Der verwendete MicroPython-Programmcode

Der für das Demobeispiel verwendete MicroPython-Programmcode befindet sich in drei Textdateien:

- mcp4725,py
  Enthält die Klassendefinition für den verwendeten DAC, das Bauelement mit der Bezeichnung MCP4725.
  Für die meisten I2C-Bauelemente existieren Python bzw. MicroPython-Klassendefinitionen. Dies vereinfacht die Nutzung dieser Bauelemente. Liegt lediglich eine Python-Klassendefinition vor, so muss diese auf die MicroPython-Syntax umgeschrieben werden.
- demo,py
  Enthält die Funktionen für die Konfiguration des Demobeispiels.

- pico,py
  Führt die Konfiguration des Demobeispiels durch. Dieses Programm wird in der
  Kommandozeile aufgerufen.

3.3.1   Programmcode in demo.py

Für die erfolgreiche Konfiguration der MCU werden die Module *machine*, *mcp*4725
und *utime* benötigt.

```
import machine
import mcp4725
import utime
```

Die Funktion $pwm(pin, freq)$ führt die Konfiguration von PINs als PWM-Signal
durch. Übergabeparameter sind die PIN-Nr. (pin) und die PWM-Frequenz $(freq)$.

```
def pwm(pin, freq) :
    pwm = machine.PWM(machine.Pin(pin))
    pwm.freq(freq)
    return pwm
```

Um einen handelsüblichen Servoantrieb auf einen definierten Winkel zwischen 0
und 180° einzustellen, ist die Funktion *winkel(servo, wert)* definiert. *servo* enthält
das PWM-Objekt, an dem der Servoantrieb angeschlossen ist. Mit *wert* wird der
einzustellende Winkel übergeben. Werteangaben kleiner 0 werden ignoriert und es
wird auf einen Stellwinkel von 180° begrenzt. Die Position 0° befindet sich bei
Inkrement 8200, während sich die Position 180° bei Inkrement 2200 befindet.

```
def winkel(servo, wert) :
    if wert > 180 :
        wert = 180
    if wert == 0 :
        servo.duty_u16(8200)
    if wert > 0 :
        servo.duty_u16(int(8200 - wert * 6000/180))
```

Die 4 LEDs werden dazu verwendet, um das Schalten von Ventilen zu simulieren. Die Konfiguration erfolgt über die Funktion *ventile*(). Hierin sind die PINs fest vorgegeben. Der Rückgabewert ist eine Liste mit den PIN-Objekten.

```
def ventile() :
    ventil0 = machine.Pin(2, machine.Pin.OUT)
    ventil1 = machine.Pin(3, machine.Pin.OUT)
    ventil2 = machine.Pin(4, machine.Pin.OUT)
    ventil3 = machine.Pin(5, machine.Pin.OUT)

    ventile = [ventil0, ventil1, ventil2, ventil3]

    return ventile
```

Die Funktionen *ventil_on*(*ventile, nr*) und *ventil_off*(*ventile, nr*) schalten die Ventile ein bzw. aus. Es wird die Liste der Ventile (*ventile*) und die Ventil-Nr. (*nr*) übergeben.

```
def ventil_on(ventile, nr) :
    ventil = ventile[nr]
    ventil.on()


def ventil_off(ventile, nr) :
    ventil = ventile[nr]
    ventil.off()
```

Über die Funktion *adc*(*pin*) wird die PIN-Nr. des Analogeingangs als Spannungsmess-PIN definiert. Eingabewert ist die PIN-Nr. und Rückgabewert ist das ADC-Objekt.

```
def adc(pin) :
    adc = machine.ADC(machine.Pin(pin))
    return adc
```

Es wird ein MCP4725-Bauelement als DAC verwendet. Dieser ist am I2C-Bus Nr
0 angeschlossen und auf die erste verfügbare Adresse eingestellt. Rückgabewert ist
das DAC-Objekt.

```
def dac() :
    i2c = machine.I2C(0, sda = machine.Pin(0), scl = machine.Pin(1), freq = 400000)
    dac = mcp4725.MCP4725(i2c, mcp4725.BUS_ADDRESS[0])
    return dac
```

Zwei Taster sind an PIN 26 und PIN 27 angeschlossen und werden über PIN 22 mit
Spannung versorgt. Dies hat den Effekt, dass über Ein/Aus von PIN 22 die beiden
Taster aktiviert bzw. deaktiviert werden können. Die Funktion *taster*() definiert die
PINs und gibt eine Liste mit den PIN-Objekten zurück.

```
def taster() :
    tasten  = machine.Pin(22, machine.Pin.OUT)
    taste_l = machine.Pin(27, machine.Pin.IN, machine.Pin.PULL_DOWN)
    taste_r = machine.Pin(26, machine.Pin.IN, machine.Pin.PULL_DOWN)

    return [tasten, taste_l, taste_r]
```

Die Steuerung des Schrittmotors erfolgt über vier PINs der MCU. Im ersten Schritt
werden diese initialisiert und auf Logisch 0 gesetzt, was der Abschaltung des Schrittmotors gleich kommt. Üblich ist dann der Schrittmotor stromlos, was gleichbedeu-
tend mit kraftlos ist. Die Nummern der PINs werden als Liste der Funktion *setup*
übergeben.

```
def setup(pins) :
    out1 = machine.Pin(pins[0], machine.Pin.OUT)
    out2 = machine.Pin(pins[1], machine.Pin.OUT)
    out3 = machine.Pin(pins[2], machine.Pin.OUT)
    out4 = machine.Pin(pins[3], machine.Pin.OUT)
    out1.value(0)
    out2.value(0)
    out3.value(0)
    out4.value(0)
```

utime.sleep_us(750)

return[out1, out2, out3, out4]

Aufgrund der Anordnung seiner Motorwicklungen lässt sich ein Schrittmotor halb-schrittweise bewegen. Dazu werden die Wicklungen in unterschiedlicher Flußrich-tung und definierter Reihenfolge bestromt. Die Drehrichtung ergibt sich durch die Reihenfolge der Bestromungssequenzen. Für einen maximal ruhigen Lauf, muß eine Sequenz nach der anderen durchlaufen werden. Je mehr (Halb-)Schritte je Umdre-hung, desto laufruhiger ist der Schrittmotor, desto langsamer läuft der Schrittmotor allerdings auch. Denn je Schritt muss eine kurze Pause eingelegt werden, damit der Schritt auch durchgeführt wird. Die Bestromungssequenzen werden als Vektor zur Verfügung gestellt.

```
def sequenz() :
    seq1 = (0, 1, 0, 0)
    seq2 = (0, 1, 0, 1)
    seq3 = (0, 0, 0, 1)
    seq4 = (1, 0, 0, 1)
    seq5 = (1, 0, 0, 0)
    seq6 = (1, 0, 1, 0)
    seq7 = (0, 0, 1, 0)
    seq8 = (0, 1, 1, 0)

    return[seq1, seq2, seq3, seq4, seq5, seq6, seq7, seq8]
```

Für das Setzen der Digitalausgänge des einzelnen Schritts ist die Funktion *setStepper* zuständig. Hierdurch werden die Logikzustände der vier für die Schritt-motorsteuerung definierten Digitalausgänge geschaltet. Damit der Schritt auch durchgeführt wird, erfolgt nach der Definition der Logikzustände eine kurze Pause bis zur Ausführung des ggf. nächsten Schritts.

```
def setStepper(seq, out) :
    out[0].value(seq[0])
    out[1].value(seq[1])
    out[2].value(seq[2])
    out[3].value(seq[3])
    utime.sleep_us(750)
```

Bleibt der Schrittmotor an seiner Position stehen, dann fließt permanent Strom durch die Motorwicklungen, welcher lediglich durch den Wicklungswiderstand begrenzt wird. Der Schrittmotor verharrt dabei in seiner Position und für ein mechanisches Weiterdrehen müssen entsprechende Drehmomente aufgebracht werden. Schrittmotor und Leistungstreiberbaustein erhitzen sich und können Schaden nehmen. Über

```
def setStepperOff(out) :
    setStepper([0, 0, 0, 0], out)
```

wird der Schrittmotor stromlos geschaltet. Das hat allerdings auch zur Folge, dass kein Haltemoment mehr zur Verfügung steht.

Die Funktionalitäten „Forwärtsdrehen" und „Rückwärtsdrehen" werden durch die Funktionen *forwardStep* und *backwardStep* realisiert. Für einen definierten Rundlauf des Schrittmotors muss ein Schritt nach dem anderen angesteuert werden. Werden Schritte ausgelassen, springt der Schrittmotor an die betreffende Stelle, welche durch die Sequenz vorgegeben ist. Das kann auch ein Sprung in ungewollter Richtung sein. Die Sequenzen müssen also immer von 1 bis 8 durchlaufen werden. Nach Sequenz 8 wird mit Sequenz 1 neu begonnen. Dies erfordert, dass die aktuelle Position innerhalb der Sequenzen festgehalten werden muß. In gegenläufiger Richtung erfolgt der Sequenzdurchlauf von 8 nach 1.

```
def forwardStep(steps, seq_pos, seq, out) :

    xi = 0

    while xi < steps :
        xi = xi + 1
        seq_pos = seq_pos + 1


        if seq_pos == 8 :
```

```
seq_pos = 0

setStepper(seq[seq_pos], out)

return seq_pos

def backwardStep(steps, seq_pos, seq, out) :

    xi = 0
    while xi < steps :
        xi = xi + 1

        seq_pos = seq_pos - 1

        if seq_pos < 0 :
            seq_pos = 7

        setStepper(seq[seq_pos], out)

    returnseq_pos
```

3.3.2   Programmcode in pico.py

Durch Aufruf des Programms *pico.py* in der Kommandozeile wird das Demonstrationsbeispiel konfiguriert und die Funktionalität kann im Weiteren durch Aufrufe in der Kommandozeile ausgelöst werden. Die Aufrufe in der Kommandozeile werden im weiteren Ausbau des Demobeispiels durch MATLAB® ausgelöst.
Als Erstes werden die benötigten Module importiert.

```
import demo
import machine
import utime
import schrittmotor
```

Für die Tastenfunktionalität werden Callback-Funktionen definiert, welche beim jeweiligen Tastendruck durch den definierten Interrupt ausgelöst werden. Der Interrupt selbst wird in MATLAB® definiert. Die Funktionen sind einfach gehalten und geben lediglich neben einer Tastenkennung einen Zeitstempel in Mikrosekunden aus.

```
def isr1_callback(Pin) :
    print('ISR1 :' +str(utime.ticks_us()))


def isr2_callback(Pin) :
    print('ISR2 :' +str(utime.ticks_us()))
```

Es erfolgt die gesamthafte Konfiguration des Demonstrationsbeispiels. Die vier LEDs stellen die *ventile* dar. Die an PIN 16 angeschlossene LED kann als *licht* abgedunkelt werden. Dies wird über die Ansteuerung mittels PWM-Signal ermöglicht, das hier auf eine Wechselfrequenz von $f = 1000\,Hz$ eingestellt ist. Der Servoantrieb wird auf PIN 17 mit $f = 20\,Hz$ Wechselfrequenz eingestellt und der Analogeingang *ain* wird mit PIN 28 definiert. *dac* und *taster* benötigen lediglich den Konfigurationsaufruf.

```
ventile = demo.ventile()
licht = demo.pwm(16, 1000)
servo = demo.pwm(15, 50)
ain = demo.adc(28)
dac = demo.dac()
tasten = demo.taster()
```

Die Konfiguration der Schrittmotorsteuerung benötigt in der Reihenfolge *out*1 bis *out*4 die zugehörigen PINs, welche als Vektor in der Variablen *pins* abgelegt werden. Hiermit erfolgt das Setup der Schrittmotorsteuerung und in der Variablen *seq* wird die Abfolge der Schrittsequenzen abgelegt, während in seq_pos die Vorbelegung der aktuellen Position innerhalb der Sequenzen abgelegt wird.

$$pins = [20, 18, 19, 21]$$
$$out = schrittmotor.setup(pins)$$
$$seq = schrittmotor.sequenz()$$
$$seq\_pos = -1$$

Damit ist die Programmierung auf der MCU in MicroPython abgearbeitet. Die eigentliche Funktionalität des Demonstrationsbeispiels wird über eine MATLAB®-GUI realisiert.

MATLAB® 4

MATLAB® soll dazu verwendet werden, eine komfortable Nutzung des Mikrocontrollers zu realisieren und ein schrittweises Herantasten an die spätere Anwendung zu ermöglichen.

Dazu wird zunächst die direkte MATLAB®-MicroPython-Kommunikation auf Command Window-Ebene dargelegt. Im Weiteren erfolgt dann die Erstellung einer grafischen Benutzeroberfläche für die Bedienung der in MicroPython programmierten Funktionen auf dem Mikrocontroller.

4.1 Grundlagen der MATLAB®-MicroPython-Kommunikation

Die MicroPython-Laufzeitumgebung auf dem Mikrocontroller verwendet die primäre UART-Schnittstelle für den asynchronen seriellen Datenaustausch mit einem Ein-/Ausgabeterminal. Über die Sendeleitung der MCU werden alle Daten, welche an der Kommandozeile ausgegeben werden sollen, an die Empfangsleitung des PCs gesendet. Umgekehrt sendet der PC über seine Sendeleitung an die Empfangsleitung des Mikrocontrollers. Das Verfahren wird als Read-Eval-Print-Loop (REPL) bezeichnet und stammt aus den Anfangszeiten der Computertechnik. Die Kommandozeile der Entwicklungsumgebung Thonny ist z. B. an dieses Verfahren angeschlossen. Ein UART-zu-USB-Konverter sorgt am Mikrocontroller dafür, dass der gebräuchliche USB am PC verwendet werden kann. PC-seitig wird über einen virtuellen USB-Serial-Treiber aus dem USB wieder ein UART, welcher mit geeigneter Software verwendet werden kann.

Die Schnittstelle ist von MicroPython mit einer Baudrate von 115200 mit 8 Datenbits, keiner Parität und einem Stopbit definiert. Unter Baudrate wird die Anzahl an Symbolen je Sekunde verstanden. Wieviel Bit je Sekunde 1 Baud ist,

© Der/die Autor(en), exklusiv lizenziert an Springer Fachmedien Wiesbaden GmbH, ein Teil von Springer Nature 2022
A. Rohnen, *MATLAB® meets MicroPython*, essentials,
https://doi.org/10.1007/978-3-658-39949-8_4

Abb. 4.1 Zusatzmaterial steht unter www.schwingungsanalyse.com bereit

ist nicht ganz eindeutig. In dieser Anwendung gilt jedoch das Bit als Symbol und aus den 115200 Symbolen je Sekunde werden 115200 Bits je Sekunde. Das ist keine hohe Transferrate und es bereitet durchaus Probleme. Der Bedarf an Kommunikation zwischen MCU und MATLAB® sollte auf ein Minimum reduziert werden. MATLAB® verfügt seit der Version 2019b über das Objekt *serialport*, über das auf den USB-Serial-Treiber zugegriffen werden kann. Die Anweisung

$$\text{pico} = \text{serialport}('COM3', 115200);$$

stellt die Verbindung von MATLAB® zum Mikrocontroller mit einer Baudrate von 115200 her. Die weiteren Einstellungen 8 Datenbits, keine Parität und ein Stopbit entsprechen der Voreinstellung serieller Schnittstellen und müssen daher nicht weiter angepasst werden. Zuvor ist die USB-Anschlussbezeichnung des Mikrocontrollers zu ermitteln. Dies erfolgt am leichtesten über die Systemsteuerung des PCs. Die Bezeichner dort sind mit den Bezeichnern in MATLAB® identisch (Abb. 4.1).
Über die beiden Anweisungen

$$\text{configureTerminator(pico, 'CR/LF');}$$

$$\text{configureCallback(pico, 'terminator', @PicoDatenverarbeitung);}$$

ist die Kommunikation zwischen MATLAB® und dem Mikrocontroller vollständig konfiguriert. Jede Eingabe- bzw. Datenzeile wird mit den Sonderzeichen „CR" für „carriage return" (Wagenrücklauf) und „LF" für „line feed" (Zeilenvorschub) beendet. Auch dieses ist noch ein Überbleibsel aus der Computersteinzeit und wurde von der Schreibmaschine übernommen. Dort konnte getrennt voneinander auf Zeilenanfang und zur nächsten Zeile gesprungen werden. Im entsprechenden Sinn wird es hier verwendet. Die Anweisung *configureTerminator* konfiguriert den Serialport entsprechend.

Für die am PC eingehenden Daten stellt der virtuelle USB-Serial-Treiber einen Eingangsdatenpuffer bereit. Dieser wird durch die Anweisung *configureCallback* so konfiguriert, dass immer dann, wenn dort eine Datenzeile eingegangen ist, die Funktion *PicoDatenverarbeitung* aufgerufen wird. In der Funktion selbst erfolgt die Datenverarbeitung. Im einfachsten Fall wird die Datenzeile im Command Window von MATLAB® ausgegeben. Mit

```
function PicoDatenverarbeitung(device, ~ )
    zeile = readline(device)
end
```

erfolgt dies.

Nachdem die Konfiguration der seriellen Schnittstelle abgeschlossen ist, kann über das Command Window von MATLAB® direkt mit dem Mikrocontroller kommuniziert werden.

```
writeline(pico, 'import pico');
```

konfiguriert das Demonstrationsbeispiel. Die Anweisung

```
writeline(pico, 'pico.demo.ventil_on(pico.ventile, 3)');
```

schaltet Ventil Nr 3 also die LED 3 ein. Um die an PIN 28 anliegende Spannung zu messen, wird die Anweisung

```
writeline(pico, 'print("AIN : ", str(pico.ain.read_u16() * 3.3/65535))');
```

ausgeführt. Es folgt daraufhin im Command Window von MATLAB® die Anzeige:

```
ans =
" >>> print("AIN : ", str(pico.ain.read_u16() * 3.3/65535))"
ans =
"AIN : 0.3231266"
```

Damit sind die Voraussetzungen hergestellt, um eine interaktive Applikation für die Nutzung des Mikrocontrollers zu erstellen.

4.2 Grafische Benutzeroberfläche (GUI)

Die Erstellung einer grafischen Benutzeroberfläche (GUI) benötigt als Erstes einen Plan, eine Skizze, auf der festgehalten ist, welche Elemente werden für das GUI benötigt und welche Funktionalitäten sollen durch diese Elemente ausgelöst werden. Auch der Dateiname sollte bereits in der Planungsphase festgelegt werden, denn eine Umbenennung ist zu einem späteren Zeitpunkt nicht mehr ohne Weiteres möglich. Erst wenn dies vorliegt, wird im MATLAB® Command Window durch Eingabe der Anweisung *appdesigner* die Entwicklungsumgebung zur Programmierung von grafischen Benutzeroberflächen gestartet. Es öffnet sich ein Anwendungsdialog, aus dem im Bereich „New" die Vorlage „Blank App" ausgewählt wird. Erst wenn bereits ein (halbfertiges) Nutzerinterface vorhanden ist, erscheint im Bereich „Recent Apps" dieses zur Auswahl.

Die in Abb. 4.2 dargestellte „MicroPython MCU Demo – GUI" verfügt über vier Schalter, die die simulierten Magnetventile ein-/ausschalten und über eine Leuchte den Schaltzustand anzeigen. Der angeschlossene Servo wird im Bereich 0 ° bis 180 ° stufenlos eingestellt. Das angeschlossene Licht, die 5. Leuchtdiode, wird stufenlos zwischen 0 und 100 % in der Helligkeit gedimmt. Im Weiteren wird die eingestellte Sollspannung kontinuierlich in einem Diagramm angezeigt und über die beiden Tasten *Rechtslauf* bzw. *Linkslauf* wird ein Schrittmotor um den Wert im Eingabefeld *Drehwinkel* in entsprechender Drehrichtung gedreht. Für die Kontrolle der Meldungen, insbesondere der Fehlermeldungen des Mikrocontrollers werden mehrere Zeilen für eine Textausgabe vorgesehen, welche durch das Designelement „Label" realisiert werden.

Es ist vorgesehen, die Verbindung zum Mikrocontroller nicht direkt beim Start durchzuführen, sondern durch einen Bedienknopf zu aktivieren und über eine Lampe den Verbindungsstatus anzuzeigen. Nach dem Verbindungsausbau soll die Funktionalität durchgetestet werden.

Für die Umsetzung des Plans wird der MATLAB® App Designer im Design View verwendet. Die einzelnen Elemente der grafischen Oberfläche werden aus der „Component Library" (Abb. 4.3 (1)) in die grafische Oberfläche herübergezogen. Jedes grafische Element kann in Größe, Position und Erscheinungsbild mannigfaltig angepasst werden. Dies ist interaktiv und über den „Component Browser" (Abb. 4.3 (3)) möglich.

Ist das Erscheinungsbild der GUI fertiggestellt oder in einem Zustand, dass es in der Funktionsansicht betrachtet werden soll, wird die grafische Oberfläche durch den „RUN"-Button des App Designers gestartet. Beim ersten Startversuch wird der Dateiname der Applikation abgefragt. Dieser ist zwar beliebig und kann auch

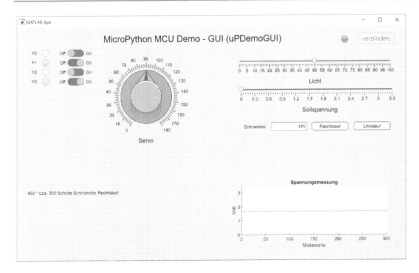

Abb. 4.2 Die grafische Oberfläche mit allen Elementen

durch die Funktion „Save As" indirekt geändert werden, wird aber im generierten Programmcode verankert.

MATLAB® generiert den gesamten erforderlichen Programmcode zum Betrieb der grafischen Oberfläche automatisch. Dieser Teil des Programmcodes ist durch den Anwender nicht änderbar.

Die grafische Oberfläche ist lauffähig, jedoch funktionslos. Die Funktionalität für jedes grafische Element muss erst noch in Programmcode umgesetzt werden. Dies sollte möglichst für ein Element nach dem anderen erfolgen. Zu viel neue Funktionalität in einem Schritt erschwert die Fehlersuche.

4.2.1 Start- und Endfunktion

Sehr oft wird eine *startupFcn* (Startfunktion) und ein *U I FigureCloseRequest* (Endfunktion) benötigt. Diese sollten auch als Erstes angelegt werden. In der Startfunktion wird all jene Funktionalität hinterlegt, welche zum Start der GUI abgearbeitet werden soll. Die Funktion selbst wird automatisiert erzeugt. Dies erfolgt darüber, dass im „Component Browser" (Abb. 4.3 (3)) das oberste Element angeklickt wird und im Reiter „Callbacks" „add StartupFcn callback" ausgelöst wird. Der

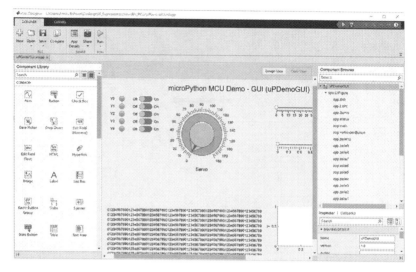

Abb. 4.3 Der MATLAB® App Designer in der Design-Ansicht

App Designer wechselt von „Design View" in den „Code View" an die Stelle im Programmcode an der gerade die $startupFcn$ eingefügt wurde. Der individuelle Ausführungs-Programmcode fehlt natürlich noch. Dieser wird nun eingegeben. Im Beispiel wird der Dummy-Text aus den Ausgabezeilen beseitigt und die Lampen auf die gewünschten Farben gesetzt. Als letztes soll in der Status-Zeile ein Text ausgegeben werden, der anzeigt, dass die grafische Oberfläche startbereit ist. Dies alles erfolgt über den Programmcode:

```
app.zeile1.Text = '';
app.zeile2.Text = '';
app.zeile3.Text = '';
app.zeile4.Text = '';
app.zeile5.Text = '';
app.zeile6.Text = '';
app.zeile7.Text = '';
app.zeile8.Text = '';
app.zeile9.Text = '';
```

app.zeile10.Text $=$ ";

app.main.Color $=$ [1.00, 0.00, 0.00];
app.Y0Lamp.Color $=$ [1.00, 1.00, 1.00];
app.Y1Lamp.Color $=$ [1.00, 1.00, 1.00];
app.Y2Lamp.Color $=$ [1.00, 1.00, 1.00];
app.Y3Lamp.Color $=$ [1.00, 1.00, 1.00];

app.status.Text $=$' GUIbereit';

Ähnlich wird die Endfunktion erzeugt. Hierzu wird für das grafische Element *app.UIFigure*, das ist das Fenster der grafischen Oberfläche, die *CloseRequestFcn* angelegt. Diese enthält im Programmcode die Anweisung *delete(app)* und der blinkende Cursor befindet sich am Zeilenanfang der nächsten Zeile. Das ist leider irreführend. Nach der Anweisung *delete(app)* kann keine weitere Anweisung mehr ausgeführt werden. Die GUI ist dann schon beendet. Hier kann nur durch Anweisungen vor *delete(app)* noch Funktionalität eingebracht werden.

4.2.2 Verknüpfen der grafischen Oberfläche mit dem Mikrocontroller

Nach und nach wird der Programmcode für die Funktionalität der grafischen Oberfläche erstellt. Begonnen wird dabei mit dem Knopf „verbinden". Die Callback-Funktion hierzu wird erzeugt, indem der Knopf im „Design View" angeklickt wird und im „Component Browser" unter „Callbacks" wird die Callback-Funktion erstellt. Auch jetzt wird in den „Code View" (Abb. 4.4 (2)) an die Stelle gewechselt, an der der Programmcode für diese Funktion eingefügt wird. Das Verbinden des PCs mit dem Mikrocontroller ist eine etwas umfangreichere Prozedur. Hierbei ist ein Ablaufplan oder eine Checkliste zur Auflistung der erforderlichen Funktionalität hilfreich:

- Serialport-Objekt anlegen (muss in der App verfügbar sein)
- Terminator definieren
- Callback-Funktion für Serialport-Objekt definieren und programmieren
- Mikrocontroller konfigurieren

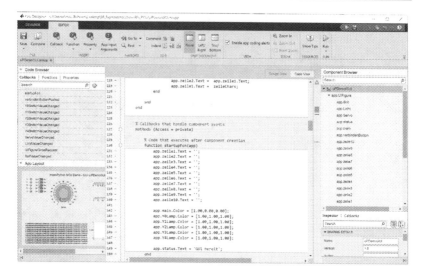

Abb. 4.4 Der MATLAB® App Designer in der Code-Ansicht

- Startwerte am Mikrocontroller einstellen
- Funktionstest durchführen
- Tastenerkennung aktivieren
- Spannungsmessung aktivieren
- Schrittmotor initialisieren
- Zustandslampe auf „grün" setzen
- den Knopf „verbinden" deaktivieren
- Statustext ausgeben

Über die drei Zeilen Programmcode

app.device = serialport('COM3', 115200);

configureTerminator(app.device, 'CR/LF');

configureCallback(app.device, 'terminator', @app.PicoSerialRead);

ist die serielle Schnittstelle konfiguriert. Jedoch würde nun die grafische Oberfläche
mit Fehlermeldung abbrechen, denn *app.device* und *app.PicoSerialRead* sind
der GUI nicht bekannt.

Alle Bezeichner, welche innerhalb der einzelnen Funktionen der grafischen Oberfläche benötigt werden, müssen als *Properties* deklariert werden. Dazu wird über den Reiter *Properties* im „Code View" (Abb. 4.4 (1)) die Sektion *properties(Access = private)* angelegt. Hier werden alle Bezeichner eingetragen und mit kurzen Erklärungen versehen, damit der Zweck des jeweiligen Bezeichners verständlich ist. Der vorbelegte erste Eintrag soll darauf hinweisen. Hier wird die Zeile

device   %MicroPythonDevice

eingetragen. Auf diese Property (deutsch: Eigenschaft), eigentlich Objekt oder Variable, kann in den Funktionen der grafischen Oberfläche unter *app.device* zugegriffen und diese verändert werden.

Im nächsten Schritt wird für das Serialport-Objekt *app.device* die Callback-Funktion über den Reiter *Functions* im „Code View" (Abb. 4.4 (1)) in den Programmcode eingefügt. Der Programmcode

function results = func(app)

end

wird dabei automatisiert eingefügt und muss zu dem benötigten Programmcode abgeändert werden:

function PicoSerialRead(app, ~, ~)
zeile = readline(app.device);
zeileChars = char(zeile);

app.zeile10.Text = app.zeile9.Text;
app.zeile9.Text = app.zeile8.Text;
app.zeile8.Text = app.zeile7.Text;
app.zeile7.Text = app.zeile6.Text;
app.zeile6.Text = app.zeile5.Text;
app.zeile5.Text = app.zeile4.Text;
app.zeile4.Text = app.zeile3.Text;

```
app.zeile3.Text  =  app.zeile2.Text;
app.zeile2.Text  =  app.zeile1.Text;
app.zeile1.Text  =  zeileChars;


end
```

Die Funktion wird durch den Interrupt des Serialport-Objekts eigentlich mit den Parametern (*app*, *src*, *event*) aufgerufen. Für die Datenverarbeitung wird jedoch lediglich *app* benötigt. Der Programmcode gibt die Ausgabe des Mikrocontrollers in das 10-Zeilen-Textfeld aus. Es werden immer die letzten 10 Ausgaben dargestellt. Für erste Versuche mit der GUI ist dies ausreichend. Zu einem späteren Zeitpunkt wird die Callback-Funktion des Serialport-Objekts überarbeitet werden. Als Erstes soll die Verbindung mit dem Mikrocontroller vollständig hergestellt werden.

```
writeline(app.device,  'import pico');
```

konfiguriert den Mikrocontroller mit der definierten Funktionalität.

```
writeline(app.device,  'pico.dac.write(0)');
writeline(app.device,  'pico.licht.duty_u16(65536)');
writeline(app.device,  'pico.demo.ventil_off(pico.ventile, 3)');
writeline(app.device,  'pico.demo.ventil_off(pico.ventile, 2)');
writeline(app.device,  'pico.demo.ventil_off(pico.ventile, 1)');
writeline(app.device,  'pico.demo.ventil_off(pico.ventile, 0)');
```

gibt die Spannung 0 V aus, schaltet das Licht auf 100 % und alle LEDs aus, setzt damit die Startwerte und beginnt den Funktionstest. Während des Funktionstests bleibt die LED5, das Licht, auf 100 %. Als Nächstes wird der angeschlossene Servo einmal hin- und hergedreht

```
for xi  =  180 : −10 : 0

    value  =  ceil(8200  −  6000/180 ∗ xi);

    writeline(app.device, ['pico.servo.duty_u16(' num2str(value) ')']);

    pause(0.25);

end
```

sowie die Tastenerkennung aktiviert.

writeline(app.device, 'pico.tasten[0].value(1)');

writeline(app.device, 'pico.tasten[1].irq(trigger = ...

machine.Pin.IRQRISING, handler = pico.isr1_callback)');

writeline(app.device, 'pico.tasten[2].irq(trigger = ...

machine.Pin.IRQRISING, handler = pico.isr2_callback)');

Die Initialisierung des angeschlossenen Schrittmotors erfolgt über die Anweisungsfolge

writeline(app.device, 'pins = [20, 18, 19, 21]');

writeline(app.device, 'out = pico.demo.setup(pins)');

writeline(app.device, 'seq = pico.demo.sequenz()');

writeline(app.device, 'seq_pos = -1')

Darin werden zunächst die Anschluss-PINs für die vier Schaltleitungen des Schrittmotors definiert und als Digitalausgänge angelegt. Im Weiteren wird die Sequenzfolge benötigt und der Positionszähler vorbelegt, so dass bei der ersten Ansteuerung des Schrittmotors mit der Position 0 in der Sequenzfolge begonnen wird.

Als Letztes wird die kontinuierliche Spannungsmessung aktiviert. Realisiert wird dies über eine Timer-Funktion (Timer-Objekt) in der MATLAB®-GUI. Für die Timer-Funktion muss in den Properties $tADC$ angelegt werden, der das Timer-Objekt zugewiesen wird.

app.tADC = timer;

app.tADC.TimerFcn = @($\sim$, $\sim$) ...

writeline(app.device, 'print("AIN : ", str(pico.ain.read_u16() $*$ 3.3/65535))');

app.tADC.Period = 0.1;

app.tADC.ExecutionMode = 'fixedRate';

start(app.tADC);

legt die Timer-Funktion an. Diese wird in einer festen Taktrate ausgeführt. In diesem Fall sind es 10 Ausführungen je Sekunde. $app.tADC.TimerFcn$ enthält die auszuführende Anweisung bzw. einen Verweis auf die auszuführende Funktion. Wird das Timer- und/oder Ereignis-Objekt in der verarbeitenden Funktion benötigt,

dann muss anstelle @(∼, ∼) @($myTimerObj, thisEvent$) angegeben werden.
Mit @$Funktionsname$ anstelle der Anweisung $writeline(app.device, ...)$ wird
auf eine auszuführende Funktion verwiesen. Die Anweisung $start(app.tADC)$
startet die Timer-Funktion. Da die Timer-Funktion beim Schließen der grafischen
Oberfläche nicht zweifelsfrei beendet wird, muss in der Endfunktion die Anweisung
$delete(app.tADC)$ vor $delete(app)$ eingefügt werden.
Der Verbindungsaufbau und der Funktionstest sind damit abgeschlossen. Über

> writeline(app.device, 'pico.licht.duty_u16(0)');
> app.main.Color = [0.00, 1.00, 0.00]
> app.verbindenButton.Enable = 0;
> app.status.Text = 'GUI mit Raspberry Pi Pico verbunden';

wird das Licht ausgeschaltet, die Lampe auf „grün" umgestellt, der „verbinden"-
Knopf deaktiviert und ein Status-Text ausgegeben.

4.2.3 Verarbeitung der Daten

Führt man in dem jetzigen Zustand der grafischen Oberfläche einen Funktionstest
durch, dann wird man erkennen, dass in dem 10zeiligen Textfeld sehr schnell die
Inhalte wechseln und darin lediglich die Ausgabe der Spannungsmessung zu erkennen ist. Der eigentliche Sinn dieses Textfeldes, Meldungen des Mikrocontrollers
darin aufzulisten, für die aktuell noch keine Datenverarbeitung programmiert existiert, ist erst einmal nicht mehr gegeben.
   Zur Verarbeitung der vom Mikrocontroller ausgegebenen Daten wird mehr Funktionalität in der Funktion $PicoSerialRead$ benötigt. Über die Variable $mode$ wird
ein Verarbeitungsmodus eingeführt. $mode = 99$ steht für den undefinierten Modus,
welcher voreingestellt ist. Diese Daten werden in das 10zeilige Textfeld ausgegeben.
Es kann dann entschieden werden, wie hierzu eine Datenverarbeitung programmiert
wird. $mode = 0$ steht dafür, dass diese Daten nicht weiter beachtet werden.
   Die Funktion $PicoSerialRead$ beginnt mit den drei Zeilen:

> zeile = readline(app.device);
> zeileChars = char(zeile);
> mode = 99;

Es wird eine „Zeile" undefinierter Länge aus dem Puffer des Serial-Objekts übernommen und in ein Zeichen-Array überführt. Der Bearbeitungsmodus wird auf
$mode = 99$ gesetzt. Durch mehrere if-Anweisungen werden die Daten vorverar-
beitet und die Entscheidung für die weitere Datenverarbeitung vorbereitet.
Die Eingabeaufforderung der MicroPython-Laufzeitumgebung, das REPL-Promt
$>>>$ bleibt in der Datenverarbeitung unbeachtet und wird aus dem Zeichen-Array
über

$$if\ zeileChars(1:3) = '>>>'$$
$$zeileChars = zeileChars(5:end);$$
$$end$$

entfernt. Beginnt das Zeichen-Array mit der Zeichenfolge AIN :, dann handelt es
sich um die Ausgabe der Spannungsmessung, deren Bearbeitung als $mode = 1$
definiert ist.

$$if\ zeileChars(1:4) = 'AIN :'$$
$$mode = 1;$$
$$end$$

Beginnt das Zeichen-Array mit den Zeichenfolgen $print$, $pins$, out, seq, $pico$
oder weiteren bekannten Schlüsselzeichen, so ist keine Datenverarbeitung erforderlich, denn es handelt sich um die Rückgabe der durchgeführten Anweisung. In der
zugehörigen if-Anweisung wird $mode = 0$ gesetzt.
Über

$$switch\ mode$$
$$case\ 1$$

$$case\ 99$$

$$end$$

erfolgt die eigentliche Datenverarbeitung. In $case$ 1 werden Spannungsmesswerte
verarbeitet und in $case$ 99 erfolgt die Ausgabe der Daten, welche bisher keiner
Datenverarbeitung zugeordnet wurden.
  Die Spannungsmesswerte sollen als Verlauf über eine definierte Anzahl von
Messwerten in dem Diagramm der GUI dargestellt werden. Das Zeichen-Array der

Spannungsmessung beginnt mit vier Zeichen und es folgt der Spannungsmesswert
in Volt z. B. AIN : 1456 oder $>>$ AIN : 1456. Über

> werte $=$ split(zeile);
>
> wert $=$ str2num(werte(end));

wird der Spannungsmesswert aus der Zeichenkette herausgelöst. Die Anweisung
split segmentiert die Zeichenkette. Das letzte Segment ist immer der Spannungsmesswert, der von einer Zeichenkette in einen numerischen Wert gewandelt wird.

Über die Timer-Funktion werden 10 Spannungsmesswerte je Sekunde ermittelt und der Spannungsverlauf soll über die jeweils letzten 30 s dargestellt werden.
Dies erfordert einen Messdatenpuffer mit 300 Messwerten, der bei Überschreitung
wieder auf 300 gekürzt wird. Zudem ist eine Erkennung erforderlich, aus der entnommen werden kann, ob der Funktionsdurchlauf erstmalig erfolgt. Für Letzteres
wird in den *Properties* eine Indikator-Variable definiert. Es wird $flag\_start = 0$
eingeführt, die den Umgang mit dem Messdatenpuffer steuert. Mit $buffer$ wird der
Messdatenpuffer in den *Properties* angelegt.

> if app.flag_start $= 0$
>> app.buffer $=$ wert;
>> app.flag_start $= 1$;
> else
>> app.buffer(end $+ 1$) $=$ wert;
> end

belegt den Messdatenpuffer und füllt ihn bei jedem Funktionsdurchlauf um einen
weiteren Wert auf. Dies würde bis ∞, jedoch mindestens bis zur Beendigung der
GUI weiterlaufen, wenn nicht im Weiteren eine Kürzung des Messdatenpuffers
erfolgt.

> if length(app.buffer) > 300
>> app.buffer $=$ app.buffer(end $- 300$: end);
> end

reduziert den Messdatenpuffer auf die jeweils letzten 300 Messwerte. Mit
$plot(app.Diagramm, app.buffer)$ und weiteren Anweisungen zur Ausgestal-
tung des Diagramms wird der Verlauf der Spannungsmessung grafisch dargestellt.

Über *case* 99 erfolgt die Datenausgabe des MicroPython-REPL, zu dem noch keine anderweitige Datenverarbeitung definiert wurde. Dies ermöglicht die Betrachtung der Daten und, falls vorhanden, auch die Beobachtung von Warn- und Fehlermeldungen des Mikrocontrollers.

```
case 99
    app.zeile10.Text  =  app.zeile9.Text;
    app.zeile9.Text   =  app.zeile8.Text;
    app.zeile8.Text   =  app.zeile7.Text;
    app.zeile7.Text   =  app.zeile6.Text;
    app.zeile6.Text   =  app.zeile5.Text;
    app.zeile5.Text   =  app.zeile4.Text;
    app.zeile4.Text   =  app.zeile3.Text;
    app.zeile3.Text   =  app.zeile2.Text;
    app.zeile2.Text   =  app.zeile1.Text;
    app.zeile1.Text   =  zeileChars;
```

4.2.4 Verarbeitung der Nutzerinteraktion

Für die Interaktion des Nutzers mit der grafischen Oberfläche müssen den Bedienelementen Funktionsausführungen zugeordnet werden. So soll z. B. ein Klick auf den Y1-Schalter die zugehörige LED auf „gelb" schalten. Die Vorgehensweise ist auch hier identisch zu der bisherigen Erstellung von Callback-Funktionen. Das grafische Element wird im „Design View" ausgewählt und im „Component Browser" wird unter „Callbacks" die Callback-Funktion erstellt, welche im Weiteren mit dem Programmcode für die jeweilige Funktionalität erweitert wird. Für die LEDs ist dies nahezu identischer Programmcode, benötig jedoch trotzdem jeweils eine eigene Callback-Funktion.

Der Zustand des „Switch" kann aus dem Wert (Value) des Elements abgeleitet werden. *value* = *app.Y0Switch.Value* sichert den Zustandswert. Wenn der Wert *value* = 0 ist, dann soll die LED bzw. das simulierte Magnetventil ausgeschaltet, anderenfalls eingeschaltet werden.

```
if value = 0
    writeline(app.device, 'pico.demo.ventil_off(pico.ventile, 0)');
    app.Y0Lamp.Color = [1.00, 1.00 1.00];
else
    writeline(app.device, 'pico.demo.ventil_on(pico.ventile, 0)');
    app.Y0Lamp.Color = [1.00, 1.00 0.00];
end
```

Für jedes der vier simulierten Magnetventile wird diese Callback-Funktion entsprechend angepasst in den Programmcode eingefügt.

Für den angeschlossenen Servomotor wurde der Einstellwert 8200 für den Stellwinkel 0 ° und der Einstellwert 2200 für den Stellwinkel 180 ° ermittelt. Wenn der Stellwinkel über das zugehörige grafische Element verändert wurde, wird die ValueChanged-Funktion aufgerufen. Dies stellt sicher, dass der Sollwert auch tatsächlich verändert wurde. Die zwei Programmzeilen

```
value = ceil(8200 - 6000/180 * app.Servo.Value);
writeline(app.device, ['pico.servo.duty_u16(' num2str(value) ')']);
```

stellen sicher, dass ein ganzzahliger Wert zwischen 2200 und 8200 für das PWM-Signal eingestellt wird. Ähnlich wird das „Licht" programmiert. Hier gibt der Nutzer einen Stellwert von 0 % bis 100 % ein. Dieser muss mit dem Faktor 655.36 multipliziert werden, um den 16-Bit-Wert für den PWM-Teilungsfaktor zu erhalten.

```
value = ceil(app.Licht.Value * 655.36);
writeline(app.device, ['pico.licht.duty_u16(' num2str(value) ')']);
```

Der Schrittmotor wird über die beiden Funktionstasten *Linkslauf Button* und *Rechtslauf Button* angesteuert. Als Parameter wird die Anzahl der durchzuführenden Halbschritte benötigt. Der im Beispiel verwendete Schrittmotor teilt die Umdrehung in 200 Schritte respektive 400 Halbschritte auf. Aus dem Feld *Drehwinkel Edit Field* wird der Drehwinkelwert übernommen, welcher in Halbschritte umgerechnet wird. Über die Anweisung *pico.demo.backward Step* für den Linkslauf und *pico.demo.forward Step* für den Rechtslauf wird der Schrittmotor angesteuert.

```
functionLinkslaufButtonPushed(app, event)
    value = round(app.DrehwinkelEditField.Value/360 * 400);
    writeline(app.device, ['seq_pos = pico.demo.backwardStep('num2str(value)', seq_pos, seq, out)']);
    writeline(app.device,' pico.demo.setStepperOff(out)');

    app.status.Text = [num2str(app.DrehwinkelEditField.Value)'° SchrittmotorLinkslauf'];
end


functionRechtslaufButtonPushed(app, event)
    value = round(app.DrehwinkelEditField.Value/360 * 400);
    writeline(app.device, ['seq_pos = pico.demo.forwardStep('num2str(value)', seq_pos, seq, out)']);
    writeline(app.device,' pico.demo.setStepperOff(out)');

    app.status.Text = [num2str(app.DrehwinkelEditField.Value)'° SchrittmotorRechtslauf'];
end
```

Als Letztes wird die Callback-Funktion für den Spannungssollwert erstellt. Die Sollspannung wird über einen 12-Bit-DAC hergestellt. Daher ist der Spannungswert in einen 12-Bit-Integer-Wert umzuwandeln, also auf einen Wert zwischen 0 und 4095 für den Spannungsbereich zwischen 0 V und 3,3 V.

```
value  =  round(app.Soll.Value * 4095/3.3);
writeline(app.device,  ['pico.dac.write(' num2str(value) ')']);
```

4.2.5 Verteilen der Anwendung

Die Anwendung kann als Programmcode verteilt werden. Für die Ausführung ist dazu eine MATLAB®-Installation in der erforderlichen Version und mit den im Programmcode verwendeten MATLAB®-Modulen bzw. Toolboxen erforderlich. Damit ist der Programmcode für jeden Anwender einseh- und änderbar. Insbesondere Letzteres wird passieren und sei es aus Versehen.

Wer lieber die Anwendung als nicht einsehbares lediglich ausführbares Programm verteilt, dem stehen im *AppDesigner* im Reiter *DESIGNER* für die Verteilung der Anwendung unter dem Button *Share* mehrere Varianten für die Verteilung zur Verfügung (Dazu muss das Modul MATLAB®*Compiler* installiert sein). Die Version *StandaloneDesktopApp* erzeugt ein Installationspaket, mit dem die Anwendung verteilt werden kann. Das Zielbetriebssystem entspricht dabei dem Betriebssystem des Rechners, auf dem die Anwendung erstellt wird. Für die Erstellung des Installationspakets sind lediglich die Eingaben im Abschnitt *Applicationinformation* (siehe Abb. 4.5) des Erstellungsdialogs erforderlich. Die Angaben in den anderen Bereichen des Dialogs sind lediglich optional bzw. werden nicht zwingend benötigt. Durch Klicken des Package-Buttons wird die Anwendung erzeugt und es wird ein Ordner für die Anwendungsdateien mit drei Unterordnern angelegt.

- for_redistribution
  Enthält die Installationsdatei der Anwendung, welche zur Verteilung geeignet ist.
- for_redistribution_files_only die ausführbare Anwendung und die Datei *readme.txt* für weiterführende Erläuterungen. Die Anwendung ist ausführbar, wenn auf dem Zielsystem MATLAB® Runtime installiert ist. Das ist der Fall, wenn dort MATLAB® als solches installiert ist oder eine andere Anwendung komplett installiert wurde.
- for_testing die Dateien für den Test der Anwendung.

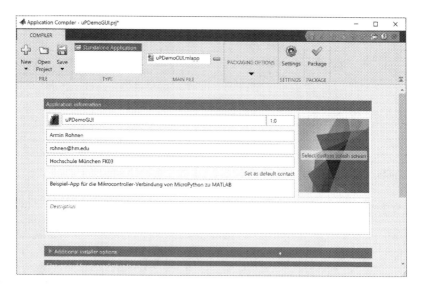

Abb. 4.5 Eingabefenster für die Erstellung der Anwendung (Compiler)

Was Sie aus diesem *essential* mitnehmen können

- Mechatronische Projekte mit Microkontrollern benötigen individuelle elektronische Anpassungsschaltungen
- Microkontroller lassen sich in MicroPython komfortabel und übersichtlich programmieren
- Mit MATLAB® lässt sich der Entwicklungsprozess eines mechatronischen Projekts beschleunigen

© Der/die Herausgeber bzw. der/die Autor(en), exklusiv lizenziert an Springer 49
Fachmedien Wiesbaden GmbH, ein Teil von Springer Nature 2022
A. Rohnen, *MATLAB® meets MicroPython,* essentials,
https://doi.org/10.1007/978-3-658-39949-8

Literatur

1. Pico Python SDK, Raspberry Pi (Trading) Ltd. (2020)
2. https://micropython.org/, Webseite der MicroPython Organisation, gesehen am 20. September 2022
3. https://thonny.org/, Webseite der Thonny Organisation, gesehen am 20. September 2022
4. https://docs.micropython.org/en/latest/library/machine.html, vollständige Funktionsbeschreibung des Moduls machine, gesehen am 20. September 2022
5. Klein, B.: Einführung in Python 3, In einer Woche programmieren lernen 2., überarbeitete und erweiterte Auflage. Carl Hanser Verlag München (2014)
6. Altenburg, J.: Embedded Systems Engineering. Carl Hanser Verlag München, Grundlagen - Technik - Anwendungen (2021)
7. C. Bell, MicroPython for the Internet of Things, https://doi.org/10.1007/978-1-4842-3123-4_2

© Der/die Herausgeber bzw. der/die Autor(en), exklusiv lizenziert an Springer Fachmedien Wiesbaden GmbH, ein Teil von Springer Nature 2022
A. Rohnen, *MATLAB® meets MicroPython*, essentials,
https://doi.org/10.1007/978-3-658-39949-8

Printed in the United States
by Baker & Taylor Publisher Services